讲给孩子的
基础科学 04

火山和地震

[韩] 咸锡真 辛贤贞 著 [韩] 李庚国 绘

李孟莘 译

中信出版集团 | 北京

图书在版编目（CIP）数据

火山和地震 / （韩）咸锡真，辛贤贞著；（韩）李庚
国绘；李孟莘译 . -- 北京：中信出版社，2023.5
（讲给孩子的基础科学）
ISBN 978-7-5217-5243-4

Ⅰ . ①火… Ⅱ . ①咸… ②辛… ③李… ④李… Ⅲ .
①火山－儿童读物②地震－儿童读物 Ⅳ . ① P317-49
② P315-49

中国国家版本馆 CIP 数据核字 (2023) 第 021910 号

The Secret of Volcano and Earthquake
Text © Ham Seok-jin, Shin Hyeon-jeong
Illustration © Lee Kyeong-kuk
All rights reserved.
This simplified Chinese edition was published by CITIC Press Corporation in 2023,
by arrangement with Woongjin Think Big Co., Ltd. through Rightol Media Limited.
（本书中文简体版权经由锐拓传媒旗下小锐取得 Email:copyright@rightol.com）
Simplified Chinese translation copyright © 2023 by CITIC Press Corporation
ALL RIGHTS RESERVED

火山和地震
（讲给孩子的基础科学）

著　　者：〔韩〕咸锡真　辛贤贞
绘　　者：〔韩〕李庚国
译　　者：李孟莘
出版发行：中信出版集团股份有限公司
　　　　　（北京市朝阳区东三环北路 27 号嘉铭中心　邮编　100020）
承 印 者：北京瑞禾彩色印刷有限公司

开　　本：889mm×1194mm　1/24　　印　张：48　　字　数：1558 千字
版　　次：2023 年 5 月第 1 版　　　印　次：2023 年 5 月第 1 次印刷
京权图字：01 2022-4476
审 图 号：GS 京（2022）1425 号（本书插图系原书插图）
书　　号：ISBN 978-7-5217-5243-4
定　　价：218.00 元（全 11 册）

出　　品：中信儿童书店
图书策划：火麒麟
策划编辑：范萍　王平
责任编辑：曹威
营销编辑：杨扬
美术编辑：李然
内文排版：柒拾叁号工作室

地球的内部有什么？

火山为什么会喷发？

地震是如何形成的？

其实，

火山和地震都是随着地壳运动而产生的自然现象。

今天，

岩浆"麦格"将为您讲解地底的秘密，

带您了解火山和地震对人类产生的影响……

目录

地球内部有什么？

大地裂开了！

岩浆，向地面进发！

火山形成了！

火山和地震也有用处！

咕嘟咕嘟！ 哐啷哐啷！ 咕嘟咕嘟！

在地球诞生以后，无数的火山喷发了。

陆地和海洋中的火山全都喷发了，火山喷发形成了山和岛屿。

但是，如果到现在为止，
火山一次都没有喷发过，
那么地球会变成什么样子呢?

大地的模样会不同，
在陆地上生活的生物也会大不一样。

火山喷发形成的山和岛屿就都没有了，地球表面的地形和现在
会有很大的不同。地球上就不会有汉拿山和济州岛，也没有夏
威夷群岛。

不仅大地的模样会变，生活在陆地上的生物也会发生变化。
说不定恐龙都还没有灭绝，和人类一起生活在地球上呢。

地球说不定会变成一个
生命体无法生存的地方。

火山喷发是地球释放自身热量的一种途径。

如果火山没有喷发，地球就无法释放热量，

它体内的温度就会不断升高。如果在这样漫长的岁月中，

地球体内的温度一直上升，地球表面可能就会像太阳一样燃烧起来，

说不定还会在某一瞬间砰的一声爆炸。

最终，地球会成为所有生物都无法生存的地方。

百变科学博士，变身为岩浆！

你好，我是麦格！我是变化无常的滚烫岩浆。

当我走向地面时，就会火焰冲天。

火山会因为我喷发，我甚至还会引发地震。

虽然人们很害怕火山喷发和地震，

但火山喷发和地震都只是地球上的自然现象。

如果你能够更加准确地了解火山和地震，

了解你所生活的地球，

你就能够很好地应对火山喷发与地震。

来吧，和我一起来一场地球内部的旅行吧！

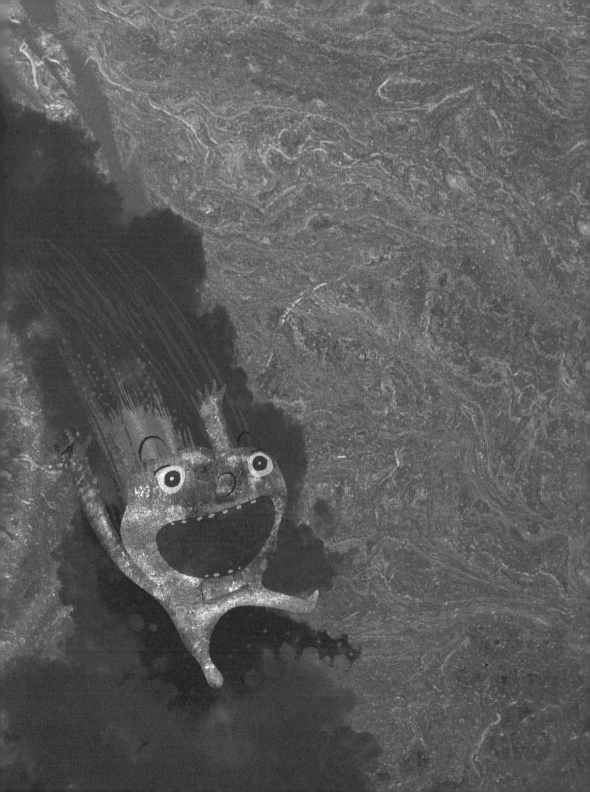

地球内部
有什么?

地球内部是什么样子呢?这里又发生过什么事情呢?

人们无法亲眼去看,或者触摸地球的内部,

所以很难知道地球内部的模样。

不过别担心。我,麦格,将要带你进入地球的内部。

因为我就生活在地球的内部,没有人比我更了解那里了。

你愿意相信我,跟着我一起去看看吗?

我是热情的旅行者——岩浆

　　虽然由我自己说出来很不好意思，但是我已经出演过很多电视剧和电影了，我可是个超级明星呢！在那些大地产生了恐怖的裂缝、火山喷发的电影中，都能看到我的身影。在地底的深处流淌着红色的液体，那就是我，麦格！你已经知道我是岩浆了吧？

　　我们岩浆，是由那些地下的岩石熔化而成的。

我们在地球的内部翻滚着，为能冲到地面而努力着。那么，从现在开始，和我一起进行地球内部的旅行吧！

地球内部的样子

　　我们可以将地球内部大致分为3层。地球最外面的那一层叫地壳。比它稍微向内的那一层叫地幔。剩下的一层叫地核，分为外核与内核。

　　地壳就像苹果皮一样包裹在地球的外部，人们生活在地壳上。我生活在地壳的下一层——地幔。当火山喷发的时候，我就会被带到地壳上来。

　　地幔是地球中最厚的部分，它大约占地球总体积的80%，地幔是由又厚又重的岩石组成的。虽然它们呈现出固体的状态，但是它们非常烫，如果把它们放在更热的地方，它们就会变得像麦芽糖一样软软的。

不过，如果与地核相比，地幔还算是冷的。越靠近地球的内部，温度就越高。

沿着地幔继续往里走就能看到地核。地核与地幔不同，它们主要是由金属构成的。地核的外侧是外核，它热得能够熔化铁，所以它是液态的。

外核的内部就是内核，它是固体的形态。虽然它的温度比外核高，但是由于它承受着来自地壳、地幔、外核的强大压力，所以就被挤压成了固体的形态。

地壳 0km

35km

地幔

2 900km

外核

5 100km

内核

6 400km

地核

从地球表面直至地心的距离约为6 400千米。

地球是一个巨大的拼图

　　看，这就是世界地图。事实上，地球的表面就像是拼图一样，被分成了几块。所以说，现在你所看到的这幅地图，就是最为接近地球实际样貌的拼图。

　　科学家将这幅地图上的每一块碎片都称为板块。

　　也就是说，地球的表面并不是连成一体的，它是由一些大大小小的板块所组成的。

　　现在我来向你讲讲什么是板块，你要仔细听清楚哟。还记

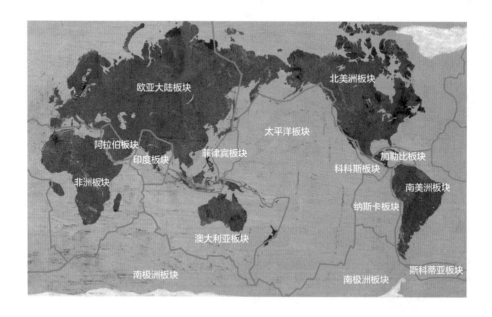

得我说过，高温下的地幔是软软的吧？但是地幔靠上的部分，比靠下的部分稍微硬一点。地幔最硬的顶部和地壳结合在一起就是板块了。总而言之，地球的表面与柔软的地幔中硬硬的顶部贴在一起。

很神奇的是，板块可是一点也没有闲着的，它始终都在运动着。板块能够移动的原因，就是地幔的对流现象。对流是指物质在变暖后，密度就会变小，然后向上移动，变冷后密度又

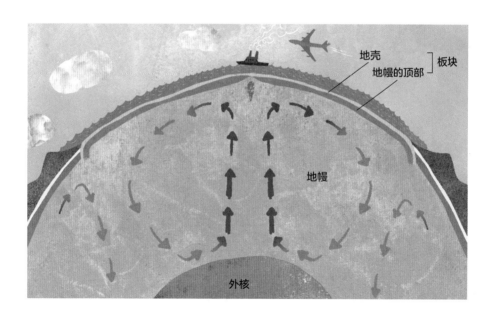

会变大，然后下沉，地幔也会发生这种对流现象。

　　当地幔下层的物质变热之后，就会"爬"到地幔的上层来，这些升上来的物质会向旁边散开，等到慢慢冷却之后下降回到下方。当这些物质移动的时候，地幔上方的板块也会跟着移动。那么，让我们从一个简单的实验中，来看一看这种现象吧。

观察地幔的对流现象

准备物品：

　　大口径透明的锅、水、扁木片 2 块、便携式燃气灶。

等一下！
燃气灶十分危险，一定要在父母的帮助下使用。

实验步骤：

1. 将水盛入锅中，为了防止水溢出来，只盛到三分之二左右就可以了。

2. 将锅放在燃气灶上加热，在操作这一步的时候，要保证燃气灶的火在锅底部的中间部位加热！所以尽量使用大一些的锅来进行实验。

3. 等水变热之后，就把两块木块放在水的中央，尽量让木块之间挨得近一些。

实验结果：

放在中间的木块会向锅边移动。即使我们重新将它们放在一起，木块也会马上分开向锅边移动。

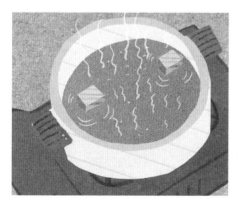

为什么会产生这样的结果呢？

这都是因为水的对流现象。当我们加热锅的中间部位时，锅底的水就会冲向上方，然后向两边散去。当上层的凉水向下方下沉时，热水就会马

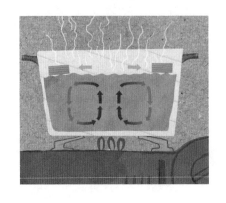

上"占领"凉水的位置。在水的温度变得一样之前，它们会一直这样上下移动。随着水的移动，放在水中的木块，也从锅的中间向边缘移动。

这里的水就相当于地幔，而水中的木块就像地幔上的板块。现在我们就可以通过这个实验，明白地幔的对流现象引起板块移动的原理了！

板块移动的速度非常非常慢，它们一年平均只移动约 3 厘米，就和人类指甲生长的速度差不多，所以大家平时完全感觉不到板块在移动。但是有些时候，人们也能够感觉到板块的移动，那就是在火山喷发和地震的时候。火山的喷发和地震都与板块的移动有关。

你想知道为什么吗？想了解原因，就必须去板块移动的地方了解一下。那就是板块和板块之间交汇的地方。

"群居生活"的火山和地震

　　等一下，在了解这些之前，我要先告诉你一个地球的秘密！火山喷发和地震常常发生在特定的地区。所以，如果我们没有住在那些地区，就几乎不会遇到火山喷发和地震。不过像日本这样经常发生火山喷发和地震的国家，也是非常特殊的。日本一年之中会发生数百次大大小小的地震。

　　但是，为什么火山喷发和地震，总是发生在某一些地方呢？如果我们把地震和火山喷发多发的地方，都在世界地图上标记出来，就能够明白原因了。请你看看下一页的世界地图。我们把太平洋周围火山喷发和地震多发的地方连起来看一看，它们是不是形成了一个马蹄状？世界上60%以上的火山喷发和80%以上的地震，都发生在这个区域。

　　人们把火山喷发和地震频发的这一区域，称为环太平洋地震带。环太平洋地震带就是指，那些环绕着太平洋的常常发生地震的地方。

火山喷发和地震频发地区

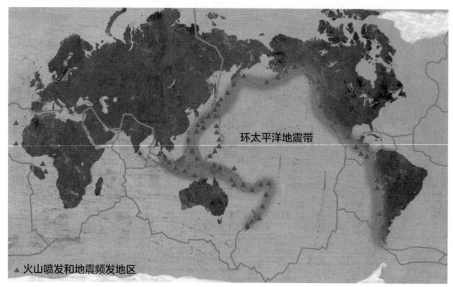

环太平洋地震带

▲ 火山喷发和地震频发地区

火山喷发和地震主要发生在板块和板块交界的地方。

这只是个巧合吗？当然不是了。在板块和板块交界的地方，板块之间会相互碰撞或者分离，所以这些地方的火山喷发和地震会比较多。

发生火山喷发和地震的地方

地幔的对流会使板块发生移动，你还记得吧？板块的移动非常缓慢，但是每当板块移动的时候，都会有重大的事情发生。因为当板块之间相互分离，或者相互碰撞的时候，板块的边界部分就会发生火山喷发和地震。

我再解释清楚一点吧。在板块与板块发生碰撞的地方，有一些脆弱的部分会突然破裂，这时地表就会因此发生晃动。这就是地震。如果这两个板块继续相互挤压，最终较重的板块，就会开始向较轻的板块的下方下沉。当板块进入地壳的内部，较重的板块的地幔就会开始熔化，形成我们岩浆。较重的板块继续向下沉，形成的岩浆也会越来越多，岩浆聚集在一起，最终从火山的顶端喷发出来。

接下来我们来看看，当板块互相分离的时候，会发生什么事情吧。在板块之间相互分离的地方，地幔下面那些很热的物质，就更容易向上移动。这都是因为地幔的对流现象。地幔中的物质不断向上移动，使得板块不断地向两边分离。板块像这样相互分离的时候，地壳上就会产生裂缝，岩浆就会顺着这条裂缝逐渐上升，然后引起火山喷发。

当板块向两边分离，地面裂开产生晃动，就引发了地震。所以，在板块的边界地区，总是不可避免地、反反复复地发生着火山喷发和地震。

轰！轰隆——

你听到这个声音了吗？看来是板块之间发生碰撞了。我们快去看看发生了什么事情吧！

频繁发生火山喷发和地震的地方

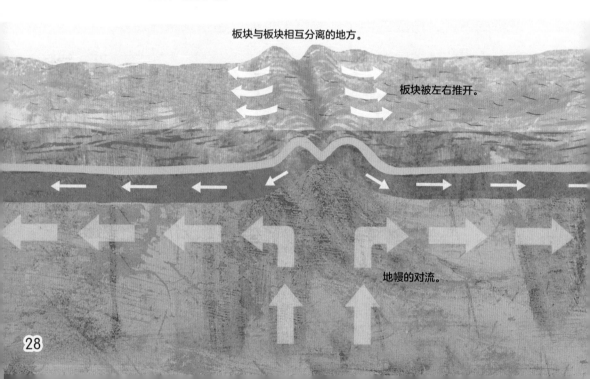

板块与板块相互分离的地方。

板块被左右推开。

地幔的对流。

板块与板块相互碰撞的地方。

沉甸甸的海洋板块会下沉，进入
较轻的大陆板块下方，引发地震。

海洋板块是海洋底部的板块。

火山

岩浆从地面的裂缝中向上升，
就会引发火山喷发和地震。

大陆板块是组成　岩浆
陆地的板块。

大陆板块与海洋
板块碰撞时，地
幔发生熔化，然
后形成岩浆。

地幔

29

大地裂开了！

地面忽然摇晃了起来。发生地震了。

道路断开了，房屋也倒塌了，

人们都四散奔逃。

是啊，地震发生之后，世界会变得一片狼藉。

地震是只会给人们带来灾难的自然灾害吗？

什么是地震？

轰隆！轰隆！

1556 年 1 月，中国陕西华县发生了一场特大地震。据说，在那场地震发生的时候，全国大部分地区有不同程度的震感，大约有 83 万人在那场灾难中死亡。这个数量相当于当时陕西全省 60% 的人口，即每 10 人中就有 6 人死亡。这场地震，是迄今为止发生的地震中，受灾最严重的一次。

但在很久以前，每当地震发生时，古人们都会认为，这是神明生气之后对人们的惩罚，也有人认为发生这种事情是一种不祥之兆。还有人认为，这是一种现实中不存在的动物或一种非常巨大的动物摇晃地面产生的现象。当时的人类，只能借助这些奇幻故事来解释这种能够移动大地的"神秘力量"。

地震只是地球板块间频繁活动而引发的自然现象而已。它既不是神的惩罚，也不是什么不祥之兆。当大家明白地震是什么，它为什么会发生，就有办法应对地震了。从现在开始，和麦格一起学习地震的知识吧。

以前，人们是这样解释地震的。

中国人认为大地由鳌鱼支撑着，当它晃动身体的时候，地震就发生了。

美洲印第安人认为，大地被一只乌龟驮在背上，乌龟走起路来一摇一晃的，所以地上就发生了地震。

印度人认为是蛇托起了整个大地，当这条蛇打哈欠的时候地面就会发生地震。

这些都不对！地震是板块和板块相互碰撞而引起的。

33

看那边！形成陆地的两块大陆板块之间正在发生碰撞。就像是在进行某种较量，对吧？它们从两侧向中间相互挤压，地幔中的物质在相遇后，就在这里向下移动。

板块随着地幔移动。两块板块不停地相互挤压，导致板块的边界部分发生弯曲后向上冒了出来。它们两边互相推搡的力量越来越大了，感觉要出大事了。

咣！咣！最终，有一边的土地断裂了。土地断裂时会剧烈

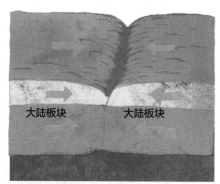

在板块的边界处，大陆板块之间相互碰撞。

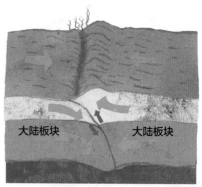

如果一个大陆板块钻进另一个大陆板块下方，板块上方的土地就会凸起，地面也会产生轻微的晃动。

地晃动，也就是产生震动。震动不断地向周围扩散，晃动周边的土地。

大地像这样挤压、断裂并且剧烈晃动的现象，就是地震！

喜马拉雅山脉就是两个大陆板块相互碰撞之后形成的山脉。在喜马拉雅山脉上有世界上最高的珠穆朗玛峰。

其实我们岩浆活动时偶尔也会引发地震。我们住在大地的内部，每当我们穿过地壳来到地面时，也会让地面晃动。但是

就像是被掰断的饼干一样，地面也会像这样断裂开来。

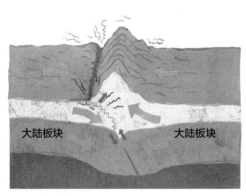

大陆板块　　　　大陆板块

当一边的大陆板块因为挤压，大面积的板块挤进另一块大陆板块下方时，地面上的土地就会向上凸起形成山脉，随着土地的挤压断裂，就会引发很大的地震。

如果地震发生在很多
人居住的地方，就会
造成非常大的损失。

我们岩浆活动引起的震动都很弱。大部分的地震都发生在板块的边界处，这些地方发生的地震震感都很强烈。

2010年1月13日，海地发生了大地震。海地是一个极易发生地震的地方。因为它位于两个板块交汇的边界附近。这一次的地震是因为加勒比板块和北美板块向相反方向移动而引起的。特别是海地的首都太子港，由于它位于板块的边界处，所以在这次地震中损失惨重。这次地震造成了约20万人死亡，有约200万人受到了此次地震灾害的影响。海地的总人口约900万，这次地震导致约四分之一的人口受到了伤害。

地震发生的时候地面会晃动，地面上的一切也会跟着摇晃。不只是土地，甚至连水体都会一起晃动！那么水晃动起来会发生什么事情呢？

地震造成的巨浪

你看过电影《海云台》吗？如果看过你就会知道，这部电影讲述的是日本的对马岛附近发生了地震，这场地震使岛屿周边的海域翻腾起海浪。海浪在向陆地移动的过程中逐渐变大，当它到达釜山的时候已经变成了巨浪，巨大的海浪淹没了海边的建筑和生活在那里的人们。幸亏这只是电影，如果是真实发生的，那也太恐怖了吧！

人们把这样巨大的海浪称为海啸。由地震引发的海啸被称为地震海啸。海啸在英语中被称为 tsunami，这个词来源于日语，因为日本是岛国，地震和海啸都很多。

地震海啸形成的过程

如果地面产生断裂，它的一侧就会向上抬起，引发海浪。

水会摇晃起来，也就是说，海浪会向四面扩散开来。

海浪向远处扩散之后，它的宽度会变窄，但高度会不断上升。

现在我来告诉你，地震是如何引发海啸的。在板块移动的过程中，如果地面发生了断裂，它的一侧就会向上抬起。这时忽然涌上来的海水，就会产生起伏的海浪，并且这些海浪开始迅速地扩散到周围。

当海浪到达岸边时，就会变成非常高的海啸。

离陆地越近，海水的深度就越浅，海浪的高度也就越高。

在深海中，虽然海水的量很大，但它产生的波浪却不大。随着距离陆地越来越近，海浪也逐渐变大。它离陆地越近，海水的深度越浅，海水的量也越少。但海水摇晃的力度却是差不多的，所以海浪越靠近陆地，就会越高，等到达陆地时就会形成巨浪。

地震海啸是地震引发的海浪向陆地的方向移动时逐渐增大而形成的。

2004年，印度尼西亚苏门答腊岛附近的海域发生了大地震。地震产生的海浪迅速扩散，当它抵达苏门答腊岛时已经形成了15米高的海浪。巨大的海浪淹没了陆地，也使苏门答腊岛的形状发生了变化。这场灾难造成约29万人死亡。

地震十分危险，由地震引发的海啸也同样非常危险。

现在，让我们通过一个实验，来了解一下地震海啸产生的原理吧！

制造"地震海啸"

准备物品：

浴缸、水、黄瓜（越细越好）。

实验步骤：

1. 在浴缸中接好水。这个实验在洗澡的时候做也不错吧？

2. 将黄瓜放入水中，用手推动它，尽量小心地将黄瓜推开，避免水的表面产生晃动。

3. 用力向上弯折黄瓜，直到把黄瓜掰断为止。

实验结果：

当黄瓜最终折断的时候，水就会上下迅速地晃动。黄瓜周围的水晃动形成了波浪，这些波浪向周围扩散。这时，拍打在浴缸壁上的波浪的起伏，就比最初波浪的起伏大得多。

为什么会产生这样的结果？

在这个实验中，黄瓜就相当于板块，大家弯折黄瓜时用的力，就相当于推动板块移动的力量。板块受到推动的力量而断裂，就像大家在黄瓜的两端用力时黄瓜可能会断开。黄瓜断裂时产生的力会让水晃动，水的晃动会向四周扩散，这时晃动的水就像翻滚的海浪。

就像浴缸中间形成的小波浪，在传到浴缸四周的过程中会越来越大一样，大海中间形成的海浪向岸边传递，逐渐变大，最终变成地震海啸。

海啸就是海底发生地震后产生的巨大波浪。所以，如果能够提前知道地震什么时候发生，也就能知道海啸什么时候会发生。科学家为了能够预测地震，做了很多很多的研究和实验。

谁更高更大呢?

　　1556 年中国陕西的地震, 2010 年海地的地震, 都是大地震。不过只是单纯用大或者小, 应该很难对地震进行比较吧? 所以科学家制定了测量地震强弱程度的标准。

　　地震的强弱程度用震级和地震烈度来表示。

　　震级是地震发生时所释放的能量的大小, 震级用数字来表示。地震烈度则是以人的感觉、土地或建筑物被毁坏的程度为标准。因为地震烈度的标准是由各个国家自己制定的, 所以彼此之间略有不同, 但是制定的标准大体上都是相似的。韩国使用的是修订的麦卡利地震烈度表, 它将地震按照强弱程度划分为 12 级。使用的数字越大地震的规模也就越大。

　　不过, 即便是同一个级别的地震, 如果发生在人多、建筑物防震性能差的地方, 它造成的损失就会很大, 如果是发生在几乎无人居住, 或者建筑物防震性能好的地方, 它造成的损失就会比较小。所以如果大家想要应对地震, 就要建造出非常坚固的建筑物。

修订的麦卡利地震烈度表

烈度 1
非常细微的晃动，几乎感觉不到震动。

烈度 2
只有住在大楼高处的一些人能感觉到晃动。

烈度 3
房屋中吊挂的物体会产生一些晃动。只有一部分人会感觉到晃动。

烈度 7
人在这时会难以站立，一些墙壁和围墙会坍塌。

烈度 8
那些坚固的墙壁也会发生倒塌，高耸的烟囱和塔会发生坍塌。

烈度 9
地面裂开，建筑物遭到严重破坏。

烈度 4

屋子里的东西开始晃动，很多人能感觉到晃动。

烈度 5

整栋建筑都在晃动，家里的东西因为晃动都掉了下来。

烈度 6

所有人都能感觉到晃动，建筑物墙壁出现裂缝，人难以直线行走。

烈度 10

那些坚固的建筑大部分也倒塌了，道路上的沥青层也裂开了。

烈度 11

地面上产生了很大的裂缝，建筑物和道路几乎全部被破坏了，桥梁也都倒塌了。

烈度 12

地面像波浪一样晃动，地面上的一切都会被破坏。

岩浆，
向地面进发！

大地深处的岩浆都运动了起来。

岩浆穿过坚硬的岩石间的缝隙，向上穿行了几十千米。

最终，岩浆冲出了地面，

伴随着一声巨响，火山喷发了。

轰隆，轰隆！

岩浆的诞生

如果你趴在地面上，你的朋友们又爬到你背上，你会是什么感觉呢？你的身体会被压得无法动弹吧？这种压着你的力就叫压力。

在距离地面100千米深的地幔中，因为有100千米厚的沉重物体压着，所以地幔一点也没法动。这里的压力可比你被朋友们压住时所感受到的压力大得多。

咦？等一下！有奇怪的晃动。这里能够感受到滚烫的热量，下方还有什么东西在蠕动着，把变热的地幔往上推。这股力量是从哪里来的呢？

地幔的下方有几处比周围热的地方，这些地方来的热量不断加热地幔，那些被加热的地幔密度逐渐变小向上方移动起来。物体像这样被加热之后，密度逐渐变小向上移动的现象叫什么呢？没错，就是对流现象。

板块下方的地幔是固体，它们怎么会发生对流现象呢？那是因为地幔进一步变热后就是软软的，具有可塑性，所以即使是固体，它们的模样也能够发生变化。

多亏了对流现象，变热的地幔开始慢慢上升。软软的固态地幔在上升的过程中，开始慢慢地熔化变成更加柔软的状态。最终，它们会完全熔化成液态的岩浆。

在热量的帮助下上升的地幔，熔化后形成了岩浆。

岩浆从固态的岩石之间穿过后，继续缓缓地向上爬行。当它们从固体变成液体的时候，它们的体积会稍微增加，密度也会变小。所以液态的岩浆比固态的岩石更容易向上爬升。

这里需要稍微暂停一下！我们岩浆的性质，相互之间会有点不一样。有黏黏的岩浆，也有不黏的岩浆。我们将这种黏稠的程度称为黏性，被熔化

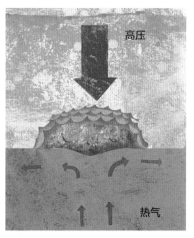

热量熔化了地幔，使它密度变小能够向上爬升。

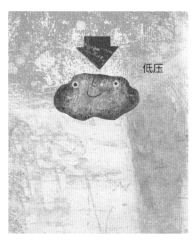

越向上爬升受到的压力越小，地幔也就越容易爬升。

的岩石种类不同，所形成的岩浆的黏性也不同。

岩浆的黏性与岩浆的运动有关。

糖稀和水，哪一个流得快呢？没错，是水流得快。所以黏性弱的岩浆上升得快，黏性强的岩浆爬升的速度慢。黏性弱的岩浆在 4 天之内能够爬行约 100 千米，黏性强的岩浆爬行 100 千米需要 2.4 万年。如果它们爬得太久，就会在途中变凉。如果是那样，它们就会变成坚硬的岩石。

就在我和你说话的过程中，我们岩浆也在努力地向上爬。岩浆向上爬行的这个地方，就是板块和板块的交界处，地面也随之裂开了。地面裂开的地方会变薄弱，所以也更容易爬上去。

嗨，岩浆终于爬升到了地表的下方。

体积变大的岩浆

这里就是地表的下方。现在，从地幔爬上来的岩浆，不断地聚集在一起，它们的身体也变得越来越大。

来回翻腾的岩浆，身体胀得鼓鼓的。那是因为水蒸气融入了岩浆之中。

岩浆中的水蒸气是从哪里来的呢？岩浆在地幔里的时候是没有多少水蒸气的。在岩浆向上爬行的时候，岩石之间的水被滚烫的岩浆变成了蒸汽融入了岩浆中。岩浆中融入的水蒸气越多，体积就越大。

你可以把岩浆想成一个气球。当我们把气吹进气球里的时候，气球就会变得越来越大吧？由于岩浆的周围都是坚硬的土地，所以岩浆中的水蒸气被牢牢地困在了岩浆之中。"哎哟，太硬了。"它们只向外探了一下头就退缩了。但如果我们一直向气球吹气会怎么样呢？气球最后一定会爆炸的。岩浆也是一样。如果它们的体积不断增加，它们所在的空间不足以支撑它们自由移动，岩浆最终也只能像气球那样"爆炸"。

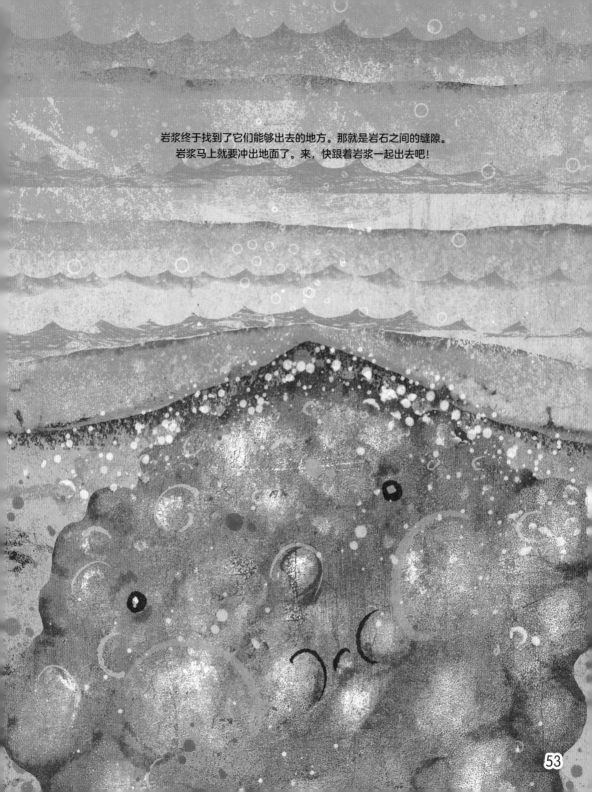

岩浆终于找到了它们能够出去的地方。那就是岩石之间的缝隙。
岩浆马上就要冲出地面了。来，快跟着岩浆一起出去吧！

从水中喷发的火山

噗——噗——咕嘟嘟——咕嘟嘟——

火山底部就像煮东西一样持续地冒着小泡。你应该不会期待火山喷发吧？并不是所有的火山喷发时都像电影中那样可怕。有80%的火山，是像这样在海底静静地喷发的。那些存在于海底的火山被称为海底火山，海底火山聚集在一起后在海底形成了山脉，这个山脉又叫海岭。

大海的底部非常非常冷，水中的压力也相当大。所以海底火山没有办法像陆地上的火山一样，轰轰烈烈地喷发出来，只能安安静静地在水底喷发。海底之所以有这么多火山，我在前面已经告诉过你们了，那是因为板块与

火山喷发产生的物质堆积在火山的周围，随着堆积物的增加火山的高度也逐渐增加。

板块之间断裂的边界部分，大部分都位于海洋的底部。

哦，火山又一次喷发了，火山喷发时产生的物质会堆积在火山的周围。随着火山不断地喷发，每次喷发所产生的物质堆积起来，火山的高度也越来越高。

随着高度的逐渐增加，火山最终高到可以冲出水面。过不了多久，我们就能在水面上看到海底火山的喷发了。

海底火山逐渐升高，最终火山会在水面上喷发。

在水面上喷发的火山

轰隆！轰隆！

哇，这声音可真大，对吧？

因为岩浆是从狭窄的岩石缝隙中喷发出来的，所以在喷发时会产生很大的声音，伴随着震天的响声冒出灰蒙蒙的烟尘，空气中还夹杂着臭鸡蛋的气味。

火山喷发的时候会喷出固体、液体、气体状态的各种物质，这些都是由我们岩浆变身而来的。

火山在喷发时喷出的物质叫火山喷发物。

火山喷发物中最先被喷出来的是灰蒙蒙的气体。它们是那些因为地底的高压，而含于岩浆中的气体，在火山喷发的时候，它们就纷纷从岩浆中逃了出来。就

好像当我们打开汽水瓶的时候，瓶子里会扑哧扑哧地冒出气泡一样。岩浆爬升到地面上以后，它受到的巨大压力就会突然降低，那些含于岩浆中的气体就会被释放出来。

其中的大部分气体都是水蒸气。除此之外，还有二氧化碳、二氧化硫、氢气、硫化氢等气体。二氧化硫是对人体有害的气体，所以吸入这些气体是十分危险的，再加上这些气体的温度高达 400℃，所以如果近距离吸入这些气体的话，可是会出大事的。

现在整个天空都笼罩在了火山灰和灰蒙蒙的气体中。你一定很好奇那些灰色的烟雾是什么吧？快去看看吧。我们岩浆可真是变身天才！

火山喷发物

火山气体

火山灰

火山岩碎片

熔岩

火山灰与火山岩的碎片

　　与岩浆所生活的地下相比，地面上简直就像冷冻室一样。因为地下的温度超过 600℃，而地面的温度超过 50℃ 都很难。所以岩浆一旦来到地面上，就会瞬间凝固，变成火山灰和大大小小的火山岩碎片，现在你知道我们为什么是变身天才了吧？

　　火山灰是灰色的，颗粒很小，看起来就像灰尘一样，而且它摸起来像面粉一样柔软。我们刚刚所看到的那些灰色烟雾，就夹杂了火山灰。

　　火山灰的体积非常小，可以飞到很远很远的地方，它们可以爬到 10 千米的高空中，形成云乘着风移动，然后像雪一样落下来。如果火山灰云遮住了天空，天空就会变得阴沉沉的，还会下起黏糊糊的火山灰雨，这时最大的问题就是，火山灰云会遮挡住阳光引起气温下降。

　　1815 年印度尼西亚的坦博拉火山喷发的时候，大量涌出的火山灰形成了一片火山灰云。这些火山灰云层导致 1816 年的夏天非常寒冷，人们都不得不穿着长袖出门，地里的庄稼也无法健康地生长，世界上有很多人因此饿死了。像这样大规模的火山喷发，不仅会影响火山周边的地区，还能够影响全

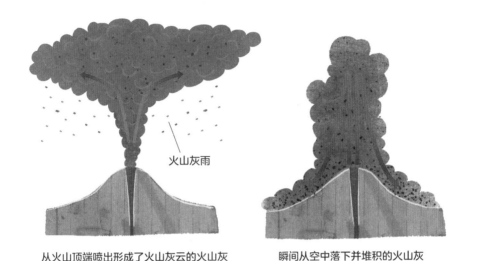

火山灰雨

从火山顶端喷出形成了火山灰云的火山灰　　　瞬间从空中落下并堆积的火山灰

世界。

　　有时候火山灰升高并不会形成火山灰云，而是快速地落在火山的周围堆积起来。因为在火山喷发的时候，随着地底的物质突然向上升起，会产生一股强烈向下的空气气流。只需要三四个小时就能堆积起10米厚的火山灰。大约2000年前，意大利的庞贝古城就是因为火山灰而消失了。巨浪一般的火山灰瞬间袭击了整座城市，很多人还来不及逃跑，就被炽热的火山灰"淹"死了。

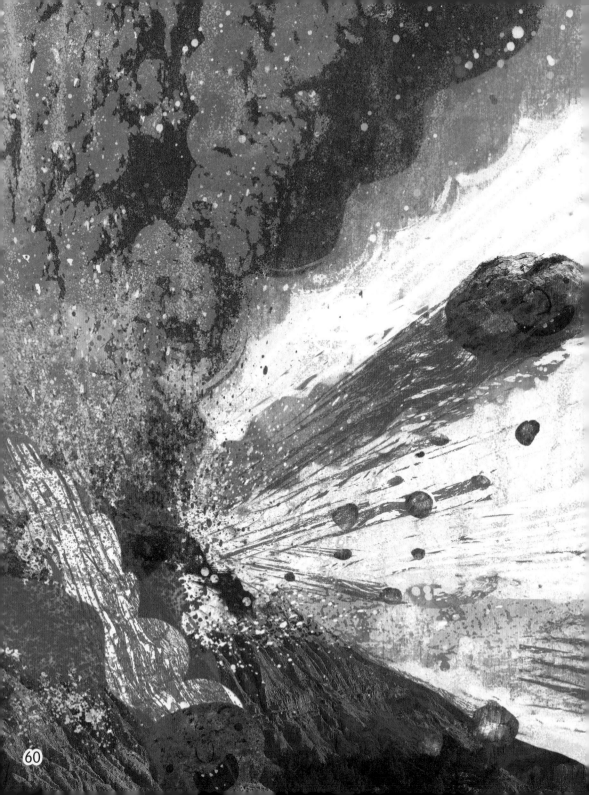

哦，快看那边。与火山灰一起喷涌而出的，还有大大小小的石头。它们就是火山岩的碎片。

火山岩的碎片根据各自体积的大小，分为火山砾、火山岩块和火山弹。

直径在 64 毫米以下的是火山砾；64 毫米以上的有尖锐棱角的是火山岩块；直径大于 64 毫米、形状圆滑的是火山弹。

仔细看，火山砾上有细小的孔洞，这都是火山气体造成的。火山喷发后压力降低，含于岩浆中的气体就会形成圆形的气泡。当岩浆凝固后，"藏在"它身体里的气体就会跑出来，所以岩石上会出现小洞，通过这种方式形成的火山砾中存在很多孔洞，还有些火山砾轻得可以在水面上浮起来。

火山弹在火山喷发的能量最强时，能够飞到很远很远的地方突然扎入土中。它飞出去的样子就像子弹一样，所以我们把它叫作火山弹。

流淌出的熔岩

哇，红红的液体终于流到地面上来了！就像一条暗红色的舌头在地面上蠕动，这就是熔岩。排出了火山气体后，流淌在地面上的岩浆就是熔岩。

熔岩的温度超过 800℃，当它接触空气的时候表面就会凝固。这层凝固的外壳能够阻挡空气，使其内部的熔岩能够保持液体的状态继续向前流动。不过如果熔岩继续在这层坚硬的外壳里面流淌的话，熔岩表面硬硬的外壳就会裂开。熔岩就会从裂缝中露出来，裸露在外面的熔岩表面又继续凝固，内部的熔岩继续流动，它的表面就又会裂开。

熔岩在流动的过程中，会反复地经历冷却—破裂—冷却这

个过程，熔岩也会在这个过程中慢慢冷却。等它们到达平坦的地方或者遇到大海时就会停下来。

现在这些流淌出来的熔岩凝固在一起变成了岩石，但是这些熔岩凝固后形成的岩石，是在地上突然冷却后凝固而成的，所以它们的颗粒非常小，非常坚硬。这些岩石的表面还留有火山气体排出之后形成的密密麻麻的孔洞。在韩国济州岛的海边，随处可见的布满孔洞的黑色玄武岩，就是由熔岩形成的坚硬石头。

"玄"就是黑的意思。这次让我们一起制作一块玄武岩吧。我来告诉你用石膏粉制作玄武岩的方法。

制作"玄武岩"

准备物品：

石膏粉 3 勺，发酵粉半勺，水 1 勺，墨汁少许，醋半勺，勺子，纸杯。

实验步骤：

1. 在纸杯中倒入水和墨汁，然后放入石膏粉和发酵粉，将其搅拌成团状。搅拌至稍微有点干涩的程度最好。

2. 在团状物里倒入醋并搅拌均匀，然后静置 2~3 小时。

实验结果：

在团状物里倒入醋之后，团状物里就会咕嘟咕嘟地产生气泡。然后等团状物凝固后，就会形成有一个个孔的"玄武岩"了。

为什么会产生这样的结果呢？

发酵粉和醋相遇之后，会产生二氧化碳。所以，醋倒入团状物时才会产生气泡，这就相当于火山喷发时岩浆中的气体一样。就像团状物凝固时，二氧化碳会从中排出，形成一个一个的孔洞，火山喷发后岩浆中的气体也会排出，形成有许多孔洞的玄武岩。

　　现在关于火山喷发的讲解到这里就结束了，火山喷发的过程大部分都和我前面的讲解相似。岩浆所形成的火山，每一个的形状都不一样，现在开始就让我们一一揭开岩浆所形成的火山的"真面目"吧！

火山形成了!

岩浆持续向上喷发，就会形成火山。
巨大的火山，小小的火山，尖尖的火山，宽阔的火山……
岩浆制造出来的火山，没有哪两个是长得一模一样的。
让我们了解一下，火山的形状各不相同的原因吧!

火山口

寄生火山锥

岩浆通道

寄生火山锥

火山锥

熔岩

熔岩

岩浆房

作品火山完成

看看这座火山！很棒吧？其实火山有两层含义。首先是指地下的岩浆向上冒出的地方，其次是指火山喷发出的物质堆积成的山。我们制造出的火山虽然形状大小各不相同，但是它们的基本结构都是差不多的。

火山大致由火山锥、岩浆房、岩浆通道、火山口、寄生火山锥所组成。

在地表附近，那些爬升上来的岩浆聚集的地方叫岩浆房。火山喷发的时候，岩浆房内也还残留着岩浆。岩浆走过的路就是岩浆通道，在路的尽头就是火山口。火山口就是火山喷出物"逃生"的出口。由岩浆变身成的火山喷出物，堆积在火山口的周围，就形成了火山锥。火山锥的样子，就像大家平时吃的冰激凌甜筒一样，是一个圆锥形。

在火山锥的周边有一些像青春痘一样凸起的小火山，这些就是寄生火山锥。寄生火山锥就是岩浆房中的一部分岩浆没有跟随火山喷发，它们顺着岩石间的缝隙移动到其他的方向，不停地拥挤向前挤破地面后形成的小火山。

有时候火山喷发的规模非常大，有大量的岩浆被喷发了出去，火山的下方就会出现大的空隙，火山口就会坍塌下去，原来的洞口就会变得更大。这就是破火山口。如果有雨水聚集在破火山口中，就会形成火山口湖，长白山天池就是火山口湖。

　　火山并不是喷发一次之后，就能立马形成像长白山那样的高山。大部分的火山一旦开始活跃起来，就会连续喷发很多次，从火山口喷发出的物质，堆积了一层又一层，火山也会嗖嗖地长高。

　　这次让我们来回顾一下由岩浆形成的火山。最初在海底喷发的火山，随着喷发次数的增加，逐渐增高冒出水面。这就是火山岛形成的过程。郁陵岛、济州岛都是岩浆制造出来的火山岛。

火山口湖形成的过程

发生很大规模的火山喷发时，火山口内侧会出现空隙。

火山中心部位坍塌了，出现了凹陷的破火山口。

当破火山口积水后，就会变成火山口湖。

郁陵岛是地处海底 2 000 米深处的火山喷发后形成的。虽然它露出水面的部分很小，但是在海底隐藏着它直径约 3 万米的巨大火山锥。

　　火山的基本结构是相似的，但它们的形状各不相同。就像你的眼睛、鼻子、嘴、耳朵，也都和你的朋友们不一样，火山也是如此。这个世界上没有两座一模一样的火山。想知道我们岩浆曾建造的那些火山的形状吗？嗯，从哪个开始介绍呢？

不同种类的火山

看看下面的火山！有扁平的火山、高耸的火山、钟形的火山，它们都好漂亮啊！这全部都是我们建造出的具有代表性的火山。

在边较矮的坡度较缓的火山叫盾形火山，右边较高的坡度较陡的火山叫层状火山。中间形状像钟一样的圆形火山叫熔岩穹丘（又叫钟状火山）。

火山的形状与我们岩浆的性质有关系。

岩浆的性质取决于我们出生的地方，以及我们体内含有什么样的岩石成分。玄武岩质的岩浆黏性较弱，流动性更强，流纹岩质的岩浆和安山岩质的岩浆黏性强，不容易流动。

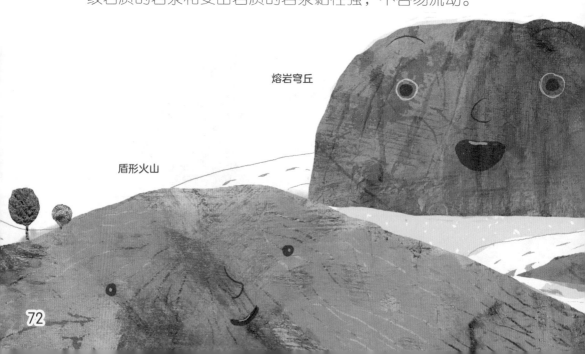

熔岩穹丘

盾形火山

玄武岩质的岩浆产生的火山灰和火山岩碎片较少，它们大部分都随着岩浆流走了。这种熔岩的黏性弱，流动的速度非常快，能够形成又宽又大的火山。所以玄武岩可以建造出坡度平缓、高度较低的盾形火山。盾形火山之所以叫这个名字，是因为它看起来就像一面被打翻了的盾牌一样。

　　流纹岩质的岩浆和安山岩质的岩浆黏性强，会有大量的火山灰和火山岩碎片随着火山的喷发轰轰烈烈地喷出来，但是它们的熔岩都黏糊糊的，走不了太远，只能堆积在火山的周围。如果像这样连续地喷发几次，火山的高度就会逐渐升高，最终形成又高又陡的层状火山。

层状火山

包括中国的长白山、日本的富士山在内，全世界 60% 的火山都是层状火山。富士山是日本最高的山，是近千年来喷发 10 多次后，由我们岩浆形成的火山。

　　熔岩穹丘是由安山岩质的岩浆或者流纹岩质的岩浆中最黏稠的那一部分形成的。黏性这么强的岩浆所产生的熔岩，从火山口出来的时候，就像一只蜗牛一样缓慢地向前爬动。熔岩穹丘就是在这样的情况下形成的，就像蛋糕上的奶油一样，在流出时就定形了。

　　虽然这些火山是根据它们的外形进行区分的，但是也可以根据火山的活跃程度将它们区分开来。也就是说，根据在火山下面生活的岩浆是"每天都在运动"还是"瘫在那里不愿意动"来区分的。

像这样挤奶油的话，它们就不会流动了，会一直原封不动地保持在这里。熔岩穹丘就像这些奶油一样，熔岩会直接凝固在它原来的位置上。

在过去人们把一直活跃的火山称为活火山，把一直在休息的火山称为休眠火山，把那些不活动的火山称为死火山。但是用这种方式是很难将火山区分开来的。因为没有人知道休眠的火山会休息到什么时候，而大家认为的死火山也还喷发过。

所以我们可以将火山分为活火山和不太活跃的火山两种。

活火山不仅仅是目前有岩浆在活动的火山，还包括在过去的两千年里有过喷发记录且现在仍然有喷发可能性的火山。

但是你也不能太信任我们岩浆。位于美国阿拉斯加的科比特火山，已经很久没有火山活动了，但是它在 1 万年后的 2006 年喷发了。所以大家要重新看待那些看似不动了的岩浆，明白了吧？

炙热的热点

　　并不是所有的火山都在板块的边界附近。在板块的内部也存在着很多火山，它们产生的原因就是热点。

　　在地幔的下方有一些比其他位置温度更高的地方，我们将它们称为热点。热点与地幔对流的地方不同，引发地幔对流的地方很宽，但热点产生的地方非常窄，就像在中间点了一颗痣一样。

　　虽然韩国地处板块的内部很难形成火山，但是也有像济州岛、郁陵岛这样的火山岛，和像汉拿山这样巨大的火山。这都是因为韩国所处的位置存在热点。我们岩浆通过热点变热后向地壳爬升，最终引起火山的喷发。

　　夏威夷也是位于热点之上由火山喷发所形成的岛。夏威夷现在仍有活跃的火山，所以大家能在夏威夷看到刚刚形成的、还冒着热气的岩石。如果你运气好的话，还可以看到刚刚流出来的红色熔岩。直到现在，夏威夷岛的面积还在随着火山的持续活动逐渐增大。

　　我们岩浆砰砰地喷发，制造出了火山岛和高高的火山，还

地球上的热点位置

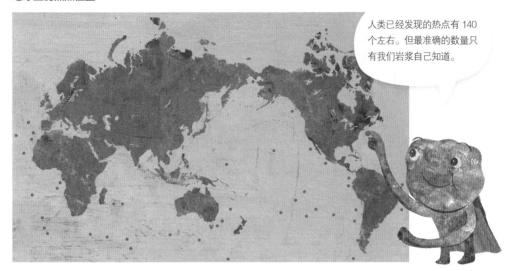

人类已经发现的热点有 140 个左右。但最准确的数量只有我们岩浆自己知道。

改变了地球的样子。但是你也不要对火山过于恐惧，火山能够提供很多人们所需要的东西。那是什么东西呢？你只要跟着我，就能够知道所有的事情了。

火山和地震
也有用处！

不要只是把火山喷发和地震当作可怕的自然灾害。
如果人们能够更好地了解地球和我们岩浆，
就可以利用火山喷发和地震获得更加优质的生活。
到底怎样才能和火山、地震一起生活呢？

岩浆与地下水相遇形成温泉

　　我们岩浆在喷发的时候会形成火山、火山岛等旅游胜地，在这个过程中还能够产生暖暖的温泉。不仅如此，岩浆的热量还能够当作能量使用。我先给大家讲讲，在寒冷的冬天最受欢迎的旅游胜地温泉吧。

　　温泉也是因我们岩浆形成的。还记得当滚烫的岩浆和水相遇时，水变成蒸汽进入岩浆里吗？相反，岩浆在冷却之后，含于岩浆中的水蒸气又会重新变成很热的水。

　　岩浆附近的地下水被加热，从岩浆里产生的滚烫的热水与地下水混合后形成了温泉水。因为地下水中含有各种各样的矿物质，所以温泉水有助于治疗皮肤炎症和关节炎等疾病。

　　温泉在火山活动活跃的地方更多，所以日本的火山多，温泉也很多。在美国也有非常有名的温泉，就在美国的黄石国家公园里。几十万年前，我们岩浆在黄石国家公园喷发，直到现在那里的地下还存在一个巨大的岩浆房。

　　多亏了我们，黄石国家公园才拥有了1万多个温泉。而且，温泉水的温度高达90℃，轻轻松松就可以煮熟鸡蛋。其中，有一个名叫老忠实（Old Faithful）的间歇泉最受欢迎。间歇泉就是指热水和水蒸气会隔一段时间就像喷泉一样冲向天空的温泉。

那么，哪些地方会形成温泉，哪些地方又会形成间歇泉呢？这就与出水口的大小有关了。出水口宽敞的地方就会形成温泉，出水口窄的地方就会形成间歇泉。想想用软管浇水的时候，当我们按压住软管，将出水口变小的时候，水流就会变强，对吧？间歇泉也是同样的道理。

除了会形成温泉和间歇泉，还能够形成水蒸气喷气孔。水蒸气喷气孔是因为地下水不足，所以出水口只能噗噗地冒出热气。如果地下水多的话，它们就会变成温泉。

这次去欣赏一下岩浆建造的美丽的火山岛风景吧。嗖！

老忠实是"长久的约定"的意思。它就像遵守着约定一样，每65分钟左右喷出一次热水，每次喷出的水高度能够达到30~60米。

间歇泉

温泉

水蒸气喷气孔

岩浆形成的火山岛

如果海底的火山多次喷发，就会形成火山岛。火山岛因为其独特的火山地形而非常受欢迎，这次我就以韩国南部的济州岛为例向你们介绍一下。

济州岛是我们岩浆从约180万年前就开始建造的火山岛。在这180万年的时间里火山喷出物堆积了一层又一层，岛屿也越来越大。全岛上大大小小的火山多次喷发，形成了360多个寄生火山，也就是火山丘。也许很久以前住在济州岛上的人，也看到了火山的喷发。

济州岛的整座岛屿是一座宽阔的盾形火山，这是因为形成济州岛的主要是玄武岩质岩浆，所以济州岛上有很多布满了密密麻麻孔洞的黑色玄武岩。济州岛的中心耸立着汉拿山，汉拿山是朝鲜半岛第二高的山，它也是高度较矮、坡度较缓的盾形火山，它顶端的白鹿潭则是火山口积水形成的湖泊。

在济州岛上有很多由我们岩浆喷发而形成的、奇特的地形。大大小小的火山丘、城山日出峰、山房山、柱状节理、熔岩洞窟……其中最独特的地形就是熔岩洞窟，这是我们岩浆喷发次数的证据。

熔岩洞窟是在火山喷发的时候，上层的熔岩一边流动一边凝固，热热的熔岩在已经凝固了的熔岩下方流出后形成的，这里的墙面光滑得就像曾有一条巨蛇经过一样。

济州岛的火山地形

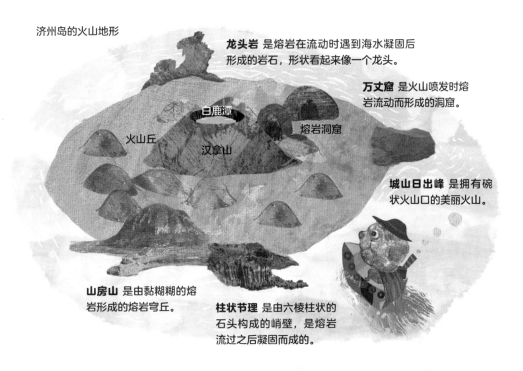

龙头岩 是熔岩在流动时遇到海水凝固后形成的岩石，形状看起来像一个龙头。

万丈窟 是火山喷发时熔岩流动而形成的洞窟。

白鹿潭

熔岩洞窟

火山丘

汉拿山

城山日出峰 是拥有碗状火山口的美丽火山。

山房山 是由黏糊糊的熔岩形成的熔岩穹丘。

柱状节理 是由六棱柱状的石头构成的峭壁，是熔岩流过之后凝固而成的。

济州岛上有 120 多个熔岩洞窟，世界上很少有拥有这么多熔岩洞窟的地方。巨大的万丈窟、有很大湖泊的龙泉洞窟等，这些全都是我们岩浆建造出的珍贵作品。

　　济州岛是一座可以看到多种火山地形的"火山博物馆"。汉拿山的顶峰，包括万丈窟在内的拒文岳熔岩洞窟群，还有城山日出峰，都被联合国教科文组织列为世界自然遗产！另外，2010 年 10 月济州岛地质公园被认定为世界地质公园。就像一年有数百万游客的夏威夷一样，济州岛也是非常受欢迎的旅游胜地。

岩浆的礼物——地热能

　　怎么样？想要身临其境地感受一下我们岩浆对人类产生了哪些影响吗？只要能够好好地利用我们，就能够获得新的能源。在过去，人们经常使用煤炭或者石油等化石燃料。化石燃料用一次就会消耗掉一些，像这样用下去总有用完的那一天。而且化石燃料在燃烧的时候产生的有害气体会污染空气。

　　我听说由于化石燃料存在着这些问题，人们正在寻找新的能源。他们想要找到那种取之不尽用之不竭，也不会产生有害物质的清洁能源。如果大家早一点利用我们岩浆的能量，就不会有这些烦恼了。幸运的是，现在人们终于找到了使用地热能的方法。

　　地球内部的温度就像岩浆一样炽热，地热能就是这些热量所产生的能源。

　　当火山活动频繁的时候，那些温泉多的地区就会有很多的热水。人们有时候会将温泉水引出来直接使用，有时候会用温泉水给房间供暖，有时候会利用它带动发电机来发电。但是，如果地下水源不够充足的话，温泉中也没办法冒出水来。这时人们就必须把地挖开，将水倒进去加热之后再取出来使用。

在道路下方设置管道，让温泉水在里面流动起来，就可以融化道路上的积雪。

发电站利用温泉水来发电。

从地下把温泉水引上来，运送到各地。

工厂使用地热能发的
电来生产东西。

利用温泉水建造的温室，让人们
在寒冷的冬天也能种植农作物。

温泉水可以为房间供暖，还能够直接当作洗澡水使用。

我们岩浆释放的热量，是怎么用也用不完的，因为我们的热量来自地球内部。如果想要地球内部的热度冷却下来的话需要数十亿年的时间，所以地热能是一种可以持续使用的能源，而且是一种使用后不会产生污染的清洁能源，这简直就是一举两得。

　　但是使用地热能的方法十分复杂，而且在这个过程中需要投入大量的资金，目前只有少量地区在使用地热能。不过人们继续进行研究的话，一定能够找到更好的解决办法，总有一天地热能会成为人类的必需品！

通过地震波，了解地球内部的模样

　　火山喷发虽然会给人们带来灾害，但它能够改变地形，塑造独特的景点，带给人们愉悦的享受。那么地震呢？

　　地震难道只是一种人类无法避免的可怕的自然灾害吗？地震是地球活跃的运动引起的自然现象，只要大家好好地进行研究，就能提前做好应对。而且，科学家正在通过地震时产生的地震波，了解更多关于地球的知识。地震波是地震发生时产生的振动，能够向四周传播扩散。

　　100多年前，南斯拉夫科学家莫霍洛维契奇主要进行对地震波的研究。有一天他发现，在位于地下约35千米深的地方，地震波传播的速度变快了。他觉得这个现象十分奇怪，于是对此展开了研究。

　　研究结果发现，在比地下35千米左右区域更深的地方，存在其他的物质。这些物质会是什么呢？没错！还记得我在一开始告诉你的知识吗？那里就是我的家乡——地幔。

　　因为构成地壳和地幔的物质成分不相同，所以地震波的传播速度发生了变化。总而言之，莫霍洛维契奇通过研究地震波，了解了地球的内部分为很多层。

人们为了纪念莫霍洛维契奇的这个研究成果，将地壳和地幔的分界面命名为莫霍洛维契奇界面。不过这个名字是不是太长了？所以大家也将它简称为莫霍界面。

关于地震波的研究还在继续进行着，德国科学家古登堡在研究中发现了地幔和外核的分界面。在古登堡之后，丹麦女科

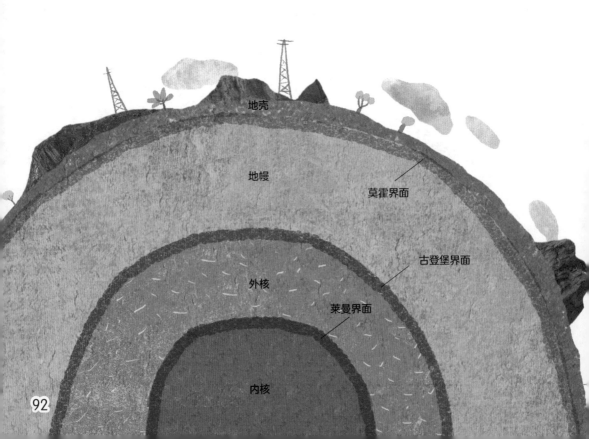

地壳

地幔

莫霍界面

古登堡界面

外核

莱曼界面

内核

学家莱曼发现了外核和内核的分界面。由于地球内部又热又深，人类无法进入，所以只能利用地震波来了解地球内部的样子。

　　还有一点！我们还可以利用地震波预测火山将要喷发的时间。在火山喷发之前，地表下面的岩浆会开始移动，所以地面也一定会跟着晃动，这就是地震发生的前兆。因此，科学家在有可能发生火山喷发的地方，安装了测量地震波的装置，用来预测火山什么时候喷发。

地球的内部长得就像
洋葱皮一样。

与火山喷发、地震共处

　　想要减少火山喷发和地震带来的危害，就需要更加关心我们岩浆。当我们在进行地下旅行时，如果从地下冲到地面上，就一定会引发火山喷发或者地震。

　　所以人们为了更好地观察我们，在火山喷发和地震频繁发生的地方建立了研究所，科学家每天在研究所内观察土地变化、测量地震波。在济州岛上，如果海水的温度突然升高5℃以上，水蒸气从地下嗞的一声冒出来，这时地面的高度要是也发生了变化，科学家就会紧张起来。因为这些都是我们岩浆开始活动的证据。

　　因为我们岩浆向地面爬升的时候，会让周围的一切变得热起来，这时海水的温度就会升高，或者有水蒸气冒出来。因为我们是推着土地往上爬的，所以地面也会突然变高或者发生倾斜。

　　现在，让我们来看看，研究火山的科学家是如何从火山喷发中拯救人们的。这是2004年发生在日本九州岛的阿苏山火山的事情。

95

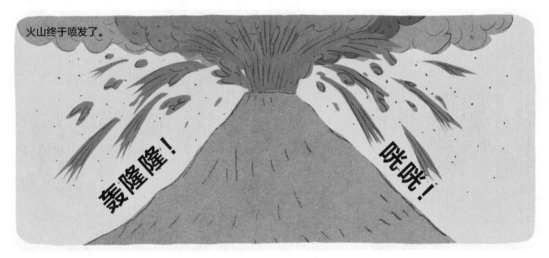

阿苏山火山在 1958 年和 1979 年也曾喷发过，很多人因此丧生，造成了很严重的损失。但令人惊讶的是，在人口更为密集的 2004 年，却没有一个人受伤或死亡！这多亏了研究阿苏山火山的科学家。真是得好好谢谢他们。

到目前为止，我讲述了我们岩浆在做些什么，以及火山喷发和地震是如何发生的。虽然你看不到也感受不到，但是在地球的内部，地幔物质在不断地移动着。因为地幔的这种对流现象，板块出现碰撞或分离，火山喷发和地震就会频繁发生。

不要单纯地把火山喷发和地震当成自然灾害，再次强调一下，火山喷发和地震是地壳运动活跃的自然表现，是一种自然现象。好好地研究岩浆的活动，就能预测板块的动向，还能够描绘地球的地形在未来会发生怎样的变化，大家能够通过这些找到和火山喷发、地震共处的方法。

不仅如此，我们岩浆从火山岛、火山地貌、温泉等景点到地热能，都为人类带来了许多的帮助。

我希望人们不要害怕火山喷发和地震。今后研究火山喷发和地震的科学家应该会变得更多吧？这样就能够找到合理的方法，以减少火山喷发和地震带来的损失，也能够发掘更多关于它们的真相。

　　小朋友们，努力成为一名研究火山和地震的科学家，和大家一起创造出一个人类与地震和火山和谐共处的美好未来，怎么样？

结束语

我们这次的地球旅行有趣吗?

现在你明白火山喷发和地震都是地球的自然现象了吗?

谢谢你。我想要对你说的就是这些。

人类现在还不是非常了解我们岩浆。

我很想知道人类到底能够发掘出多少关于我们的秘密。

我相信那一天很快就会到来。

现在我要变回百变科学博士啦。

期待我们的下次见面，再见!

岩浆的种类

我们可以根据岩浆内部所含的物质来区分它们，最简单的区分方法就是比较铁和镁的含量。

玄武岩质岩浆中铁和镁的含量较高，凝固后会变成黑色玄武岩。因为它的黏性较弱，所以它们主要形成了高度较矮、坡度较缓的火山。

流纹岩质岩浆中铁和镁的含量较低，它们的黏性强，不易流动，能够形成较高、较陡的火山。

安山岩质岩浆中铁和镁的含量介于玄武岩质岩浆和流纹岩质岩浆之间。

地幔

位于地壳与外核之间的位置，在地下约 35 千米到 2 900 千米深的地方。它是地球中体积最大的部分，约占整个地球体积的 80%。当地幔上部的岩石熔化后，就能够形成软软的、液体状态的岩浆，岩浆在向上喷发的时候形成了火山。

地幔对流现象

对流是液体和气体传递热量的方式。物质在变热后密度就会变小向上爬升，位于上层的物质变冷后就会下沉，变热后的物质就会将它们的位置填满。通过这样的上下循环，热量就能够均匀地扩散。对流现象也会在地幔中发生，地幔下方的物质变热后开始向上爬升，上方的物质冷却后又向下沉。因为地幔发生了对流现象，所以板块也会随之运动起来。

热点

热点是炽热的岩浆上升的地方。岩浆一般出现在板块的边界处，除此之外还有一些地方能够冒出岩浆来，这些地方就叫热点。位于北太平洋地区的夏威夷群岛、汉拿山、长白山等火山，就是热点形成的火山。热点一般都位于地底的深处。全世界已发现的热点约有 140 个，但没有人知道它们的准确数量！

熔岩洞窟

熔岩在流动的时候遇上冷空气，表面就会凝固，这时其内部没有凝固的部分流走以后，就形成了洞窟。冷冻室内的冰块结冰时，也会先从外面开始结冰，然后再将内部冻结起来。如果在它们表面结冰的时候，把里面的水抽出来，它们就会变成一个空心的"盒子"。熔岩洞窟形成的原理也是这样。熔岩的温度在 800℃以上，虽然它们的表面很快就会凝固，但内部却是慢慢变凉的，所以就形成了熔岩洞窟。

地球之外的火山

整个太阳系中最高的火山，是火星上的奥林波斯山。它的高度超过 2.1 万米。这个高度是地球上最高的珠穆朗玛峰的 3 倍左右。但是奥林波斯山现在已经没有火山活动了。那现在，地球之外火山活动最活跃的天体是哪一个呢？除了地球，绕着木星旋转的木卫一是太阳系里火山活动最活跃的天体。

地热能

地球的内部非常热，地热能利用的就是这些地球内部所产生的热量。准确地说，地热能就是利用滚烫的岩浆加热后的热水和水蒸气来获得能量的。我们可以在地下铺上水管，利用热水为整个房间供暖，或者建发电站利用地热能发电。地热能取之不尽，用之不竭，还是不会产生污染的清洁能源。

地震

地震是板块和板块相遇后，互相碰撞或者推挤产生冲击引发的地面晃动。地震时地面会发生断裂，道路和房屋会发生坍塌，人们也会因此受伤，非常危险。不仅如此，发生在海底的大地震还会摇晃海水形成波浪，波浪会向陆地传播并逐渐增大，最终形成非常巨大的海浪——地震海啸。

测定地震强度的方法

地震的强度以两种方式来表示，一种是地震烈度，另一种是震级。震级表示在地震发生的时候所释放的能量大小，比如某个地区的炸弹爆炸时，那颗炸弹的威力就相当于震级。

烈度表示地震所造成的损失程度。如果炸弹落在一座草房子上，房子就会完全倒塌，但如果它落在坚固的建筑物上，可能只有墙体会裂开一点。因此，即使是相同震级的地震，根据地震所造成的损失程度不同，地震烈度也会不同。

板块

地球由地壳、地幔、外核、内核组成。地壳和地幔的顶部很硬，地幔的下部相对较软。所以我们把地壳和地幔的顶部，也就是这些硬硬的部分合在一起，叫作板块。地球的表面由多个板块组成，板块移动的速度非常缓慢，平均每年移动3厘米左右。随着板块移动，板块和板块的边界就可能会发生火山喷发和地震。

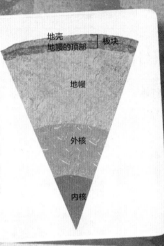

地壳
地幔的顶部 板块
地幔
外核
内核

海岭

大海底部的海底火山聚集在一起形成山脉，被称为海岭。一些海岭位于板块和板块的交界处，所以经常有火山喷发，并从中流出熔岩。流出的熔岩凝固后，海底就会出现新的地壳。在发现海岭之前，人们还不知道海底也有火山喷发。

火山

地下的岩浆向上方爬升，引起火山喷发后，火山喷出物落下堆积形成了山。火山在英文中叫 volcano，这个词源于罗马神话中的"火神"伏尔甘（Vulcan）。

作者寄语

"火山喷发和地震是地壳运动活跃而引发的自然现象。"

100多年前地球物理学家阿尔弗雷德·魏格纳提出了大陆漂移说。世界上的其他人都嘲笑他，认为他所说的东西非常不像话。但是魏格纳并没有放弃，他坚持不懈地寻找证据。

在魏格纳的主张下，其他科学家也开始关注和研究起这个问题。经过大家不懈地研究，最终发现地幔的对流现象是板块移动的动力，人们发现海底的火山山脉海岭附近，地面正在朝着相反的方向移动。

结果表明，地球的表面被分成了几个板块，最终所有人都认可了"板块是随着地幔的对流而移动的"这个想法！正因为这种对流现象，板块才能长期移动。

多亏了世界上那些对事物充满了好奇心、耐心和信心的人，正是因为他们坚持不懈地研究，在过去的100多年中，我们才了解了很多关于地球又新奇又惊人的事实，也使我们更加了解火山喷发和地震。

希望读过这本书的朋友们，以后听到关于火山喷发和地震的信息时，就能想起与麦格一起的这场旅行，想起地球内部到现在还在活跃活动着。你应该还记得，火山喷发和地震都是地球内部的热量引起的自然现象吧？

地球内部非常热，而且还存在很多我们不太了解的东西。地球上有些地方比周边地区更热，有些地方则不太热。虽然地幔的上面部分是固体，但还是会发生对流现象。这是为什么？我也不太清楚。那些地球还隐藏着的秘密，到底什么时候才能全部揭开呢？

所以了解地球的旅行总让人觉得有兴致，比电脑游戏和其他娱乐方式都更有趣。朋友们，请关注一下自己周围发生的自然现象，仔细思考一下它们发生的原因。这就是科学！希望大家今后还能继续进行探索地球的科学旅行，我们的旅行到此结束！

咸锡真
辛贤贞

讲给孩子的基础科学

电是怎样产生的？风是如何形成的？
我们的周围充满了各种神奇的秘密。
张开好奇心的翅膀，天马行空地去想象，
这是一件多么令人激动、令人神往的事情！
科学就起源于这令人愉悦的好奇心和想象力。
从现在起，百变科学博士将
变身为电子、风、遗传基因等各种各样的奇妙事物，
带您去探索身边的科学奥秘，
开启一趟充满趣味、惊险刺激的科学之旅！
来吧，让我们向着科学出发！